U0784721

科学出版社“十四五”普通高等教育本科规划教材

害虫生物防治

（第五版）

关 雄 主编

科 学 出 版 社

北 京

内 容 简 介

本书在传统害虫生物防治原理和方法的基础上，充分吸收了新理论、新技术、新方法及害虫生物防治的新成果。全书共分十一章，第一章为绪论，介绍了害虫生物防治的定义和内容、意义、历史和发展等；第二章为寄生性天敌，介绍寄生性天敌类群及其应用概况；第三章为捕食性天敌，介绍捕食性天敌类群及其应用概况；第四章为害虫天敌的应用与效能评价，介绍害虫天敌的引进、大量繁殖、助迁和保护，以及应用效能评价；第五章为常见害虫天敌的大量繁殖与应用，介绍目前生产上应用较多的寄生蜂、草蛉、瓢虫、捕食螨等的大量繁殖与应用技术；第六章为昆虫病原细菌，主要以苏云金杆菌为例介绍其生物学特性、分类鉴定、毒素和致病机制、害虫对 *Bt* 的抗性及工业化生产等；第七章为昆虫病原真菌，介绍其特征和主要类群、致病机制和真菌制剂的生产及应用等；第八章为昆虫病毒，介绍其类群、生产及应用；第九章为昆虫病原线虫，介绍其商业化生产、应用和效果评价；第十章为昆虫原生动物，主要以蝗虫微孢子虫为例介绍其生物学、生产及应用蝗虫微孢子虫防治害虫的效果及其影响因素；第十一章为抗生素在害虫防治上的应用，介绍杀虫抗生素的研发历史、重要的杀虫抗生素及杀虫抗生素研发展望。

本书可作为高等农林院校植物保护和昆虫学等专业本科生及研究生教材，也可供科研人员、技术人员参考使用。

图书在版编目（CIP）数据

害虫生物防治 / 关雄主编. -- 5 版. --北京：科学出版社, 2025. 3. --（科学出版社“十四五”普通高等教育本科规划教材）. -- ISBN 978-7-03-081360-2

I. S433

中国国家版本馆 CIP 数据核字第 2025PB0666 号

责任编辑：张静秋　赵萌萌 / 责任校对：严　娜
责任印制：肖　兴 / 封面设计：金舵手世纪

科学出版社 出版
北京东黄城根北街 16 号
邮政编码：100717
http:// www.sciencep.com
三河市春园印刷有限公司印刷
科学出版社发行　各地新华书店经销
*
1982 年 7 月第　一　版　开本：787×1092　1/16
2025 年 3 月第　五　版　印张：14 1/2
2025 年 3 月第十八次印刷　字数：400 000

定价：79.80 元

（如有印装质量问题，我社负责调换）

《害虫生物防治》（第五版）
编委会

主　　编　关　雄（福建农林大学）

副 主 编　王竹红（福建农林大学）
陈学新（浙江大学）
韩日畴（广东省科学院动物研究所）
班丽萍（中国农业大学）

编写人员（按姓氏汉语拼音排序）
班丽萍（中国农业大学）
陈学新（浙江大学）
陈珍珍（山东农业大学）
关　雄（福建农林大学）
韩日畴（广东省科学院动物研究所）
黄天培（福建农林大学）
季清娥（福建农林大学）
李先伟（山西农业大学）
刘长明（福建农林大学）
刘启飞（福建农林大学）
彭凌飞（福建农林大学）
宋　渊（中国农业大学）
唐　璞（浙江大学）
王　甦（北京市农林科学院植物保护研究所）
王联德（福建农林大学）
王竹红（福建农林大学）
吴国星（云南农业大学）
颜　珣（仲恺农业工程学院）
袁美妗（中山大学）
臧连生（贵州大学）
张　龙（山东省农业科学院植物保护研究所）
张礼生（中国农业科学院植物保护研究所）
张立伟（中国农业大学）
张艳璇（福建省农业科学院植物保护研究所）

审　　稿　侯有明（福建农林大学）
黄　建（福建农林大学）
李增智（安徽农业大学）
林乃铨（福建农林大学）
刘树生（浙江大学）
庞　义（中山大学）
吴珍泉（福建农林大学）
杨忠岐（中国林业科学研究院）
张　帆（北京市农林科学院植物保护研究所）

教学课件申请单

凡使用本书作为所授课程配套教材的高校主讲教师，可通过以下两种方式之一获赠教学课件一份。

1. 关注微信公众号“科学EDU”申请教学课件

扫二维码关注公众号 →“样书课件”→“科学教育平台”

2. 填写以下表格后扫描或拍照发送至联系人邮箱

<table>
<tr><td colspan="2">姓名：</td><td colspan="2">职称：</td><td colspan="2">职务：</td></tr>
<tr><td colspan="2">手机：</td><td colspan="2">邮箱：</td><td colspan="2">学校及院系：</td></tr>
<tr><td colspan="3">本门课程名称：</td><td colspan="3">本门课程选课人数：</td></tr>
<tr><td colspan="3">开课时间：
□春季　　□秋季　　□春秋两季</td><td colspan="3">是否选用本书作为教材：
□是　　□否　　□计划选用</td></tr>
<tr><td colspan="6">您对本书的评价及修改建议（必填）：</td></tr>
</table>

联系人：张静秋　编辑　　电话：010-64004576　　邮箱：zhangjingqiu@mail.sciencep.com

前言

Preface

纵观害虫生物防治策略的变迁进程，无不渗透着科学与社会的相互作用。物质文明与精神文明的交叉，自然与人类社会的融合，使我们生活的地球形成了一个有机整体。

昆虫以其绝对的数量优势及惊人的繁衍能力，成为无脊椎动物世界的佼佼者。它们一方面赋予了人类五彩缤纷的生活，如蚕业的发展促进了丝绸之路的出现、蜂业的发展为人类提供了很多益处。另一方面，它们有时也与我们争夺食物，祸害无穷。近代科学的迅猛发展，创造了空前灿烂辉煌的现代文明。然而，为防治害虫而施用的化学农药所造成的污染，也成为全球的一大问题。

害虫生物防治经过了古代的“意识”阶段、近代的“发展”阶段和现代的“腾飞”阶段。生态系统中的生产、消费、分解之间保持着相对平衡，即能量流动和物质循环保持相对稳定的生态平衡。但平衡不是绝对的，而是处在平衡—不平衡—平衡的不断发展中。生物的“食物链”结构体现在“相生相克”的辩证统一上，“一物降一物”一直存在。人类必须与其他生物共享地球，必定要与自然和谐相处。

本书自 1982 年第一版出版以来，已经走过了 40 多年的时间。理论和实践证明了本书具有强大的生命力，非常感谢国内众多院校使用本书并提出宝贵建议。考虑到当今信息化时代的飞速发展，此次修订做了大幅更新和删减，体现了精、简、优。

本书的指导思想是立足国内、面向国际，重点介绍害虫生物防治的历史进程和理论发展，通过介绍具有中国特色的应用自然天敌、生物农药防治害虫的成功案例，向学生传播害虫天敌保护和减少化学农药应用的可持续理论和思想，为国家和社会培养利用自然生物控制害虫的专门人才。本书涵盖对昆虫学、保护生物学、微生物学、分子生物学、基因工程、发酵工程等农学、理学、工学的综合理论介绍，内容涉及基本概念、害虫天敌的特性、研究方法、综合利用、保护原理，以及天敌昆虫、昆虫病原微生物（如细菌、真菌、病毒等）的成功应用范例，体现了理论性、系统性、实用性、规范性和权威性，全方位论述了害虫生物防治的优势和特色，引用资料包括目前最新的研究成果，以及一线工作人员的实践经验。

考虑到教材的特殊性，本书编写人员主要由高校教师组成，同时邀请部分科研单位参加，参编单位包括浙江大学、中国农业大学、中山大学、贵州大学、山东农业大学、福建农林大学、山西农业大学、云南农业大学、仲恺农业工程学院 9 所高校，以及中国农业科学院植物保护研究所、山东省农业科学院植物保护研究所、广东省科学院动物研究所、北京市农林科学院植物保护研究所、福建省农业科学院植物保护研究所 5 家科研单位。

本书编写分工如下：刘长明编写第一章，第二章第二节的小蜂总科、胡蜂总科，第三章第一、二、七、八节；唐璞和陈学新编写第二章第一节和第二节的寄生蜂的基本习性、姬蜂总科；王竹红编写第二章第二节的细蜂总科、广腹细蜂总科，第三章第五节，第五章第九节；彭凌飞编写第二章第二节的旗腹蜂总科、青蜂总科和第四节，第五章第二节；刘启飞编写第二章第三节和第三章第六节；吴国星编写第三章第三节和第五章第四节；陈珍珍编写第三章第四节和第五章第八节；张艳璇编写第三章第九节和第五章第十节；张礼生编写第四章第一、二、三节；臧连生编写第五章第一节；王甦编写第四章第四节和第五章第三节；季清娥编写第五章第五节；李先伟编写第五章第六、七节；关雄和黄天培编写第六章；王联德编写第七章；袁美妗编写第八章；韩日畴、颜珣编写第九章；张龙、班丽萍、张立伟编写第十章；宋渊编写第十一章。全书由关雄负责统稿。

限于精力，书中疏漏在所难免，敬请广大读者批评指正，以便再版时修改。

编　者

2025 年 3 月

目录
Contents